2017

客厅
LIVINGROOM
简约风格
SIMPLE STYLE

ZZD 佐泽思维·佐泽设计
ZZD THINKING & ZZD DESIGN   编著

海峡出版发行集团
THE STRAITS PUBLISHING & DISTRIBUTING GROUP | 福建科学技术出版社
FUJIAN SCIENCE & TECHNOLOGY PUBLISHING HOUSE

主要材料：①仿古砖　②无纺布墙纸

主要材料：①玻化砖　②直纹木饰面板

主要材料：①大马士革墙纸　②米黄色墙砖

主要材料：①白色乳胶漆　②仿古砖

主要材料：①灰色乳胶漆　②实木地板

主要材料：①条纹墙纸 ②实木地板

主要材料：①肌理墙纸 ②皮革硬包

主要材料：①直纹柚木饰面板 ②仿爵士白大理石

主要材料：①微晶石 ②绒布硬包

主要材料：①实木地板 ②马赛克

主要材料：①红橡木饰面板 ②马赛克

主要材料：①灰色乳胶漆 ②实木地板

主要材料：①白色乳胶漆 ②实木地板

主要材料：①白色烤漆玻璃 ②仿帕斯高灰大理石

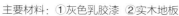

主要材料：①灰色乳胶漆 ②实木地板

主要材料：①条纹墙纸 ②金刚木地板

主要材料：①黑白根大理石 ②玻化砖

主要材料：①北美黑胡桃木饰面板 ②实木地板

主要材料：①条纹墙纸 ②实木地板

主要材料：①欧式墙纸 ②皮质硬包

主要材料：①欧式墙纸 ②玻化砖

主要材料：①灰色乳胶漆 ②实木地板

主要材料：①北美黑胡桃木饰面板 ②实木地板

主要材料：①皮质硬包 ②大花白大理石

主要材料：①麻质硬包 ②玻化砖

主要材料：①山水纹大理石 ②实木地板

主要材料：①爵士白大理石 ②帕斯高灰大理石

主要材料：①水曲柳饰面板 ②玻化砖

主要材料：①精工玉石 ②皮革硬包

主要材料：①白色护墙板　②木纹砖

主要材料：①白色乳胶漆　②玻化砖

主要材料：①云纹大理石　②仿古砖

主要材料：①黑胡桃木窗棂　②橘黄色地砖

主要材料：①金花米黄大理石　②玻化砖

主要材料：①皮革硬包 ②马赛克

主要材料：①仿古砖 ②硅藻泥

主要材料：①欧式墙纸 ②爵士白大理石

主要材料：①胡桃木饰面板　②麻质墙纸

主要材料：①硬包　②红檀木饰面板

主要材料：①帕斯高灰大理石　②波斯灰大理石

主要材料：①实木地板　②柚木饰面板

主要材料：①金刚板墙面 ②无纺布墙纸

主要材料：①条纹墙纸 ②实木地板

主要材料：①玻化砖 ②皮革硬包

主要材料：①实木地板 ②墙纸

主要材料：①爵士白大理石 ②玻化砖

主要材料：①玻化砖 ②大马士革墙纸

主要材料：①仿古砖 ②白色乳胶漆

主要材料：①釉面砖 ②硬包

主要材料：①条纹壁纸 ②实木地板

主要材料：①密度板通花 ②软包

主要材料：①白色地砖 ②沙比利饰面板

主要材料：①实木地板 ②马赛克瓷砖

主要材料：①仿古砖 ②灰镜

主要材料：①玻化砖 ②柚木饰面板

主要材料：①直纹柚木饰面板 ②仿爵士白大理石

主要材料：①灰镜 ②仿大理石瓷砖

主要材料：①玻化砖 ②微晶石

主要材料：①条纹墙纸 ②实木地板

主要材料：①海纹玉大理石 ②木质饰面板

主要材料：①白色烤漆玻璃 ②仿帕斯高灰大理石

主要材料：①现代墙纸 ②爵士白大理石

主要材料：①玻化砖 ②竖纹墙纸

主要材料：①玻化砖 ②木纹墙纸

主要材料：①仿古砖 ②红檀木饰面板

主要材料：①实木地板 ②文化石

主要材料：①北美黑胡桃木饰面板 ②实木地板

主要材料：①仿大理石瓷砖 ②植绒墙纸

主要材料：①仿大理石瓷砖 ②肌理墙纸

主要材料：①墙纸 ②玻化砖

主要材料：①釉面砖 ②艺术墙纸

主要材料：①釉面砖 ②实木板条

主要材料：①仿古砖 ②木纹砖

主要材料：①波斯灰大理石 ②玻化砖

主要材料：①金刚板 ②仿大理石瓷砖

主要材料：①仿古砖 ②艺术墙纸

主要材料：①灰木纹砖 ②墙纸

主要材料：①米黄色大理石 ②爵士白大理石

主要材料：①沙比利饰面板 ②墙纸

主要材料：①密度板通花 ②黄色乳胶漆

主要材料：①波斯灰大理石 ②黑胡桃木饰面板

主要材料：①黑金花大理石波打线 ②米黄大理石

主要材料：①玻化砖 ②黑金花大理石踢脚线

主要材料：①帕斯高灰大理石 ②波斯灰大理石

主要材料：①玻化砖 ②欧式墙纸

主要材料：①玻化砖 ②肌理墙纸

主要材料：①玻化砖 ②石膏板雕花吊顶

主要材料：①车边银镜 ②浮雕墙纸

主要材料：①玻化砖 ②枫木饰面板

主要材料：①皮革软包 ②墙纸

主要材料：①中花白大理石 ②肌理漆

主要材料：①玻化砖 ②仿砂岩砖

主要材料：①古堡灰大理石 ②米黄大理石

主要材料：①银箔墙纸 ②米黄大理石

主要材料：①实木地板 ②墙纸

主要材料：①灰镜 ②柚木饰面板

主要材料：①米黄色墙砖 ②马赛克

主要材料：①玻化砖 ②无纺布墙纸

主要材料：①釉面砖 ②欧式墙纸

主要材料：①玻化砖 ②欧式墙纸

主要材料：①硬包 ②冰裂纹玻璃

主要材料：①玻化砖 ②绒布软包

主要材料：①红橡木饰面板 ②仿大理石瓷砖

主要材料：①大马士革墙纸 ②软包

主要材料：①欧式墙纸 ②玻化砖

主要材料：①红橡木饰面板 ②玻化砖

主要材料：①北美黑胡桃木饰面板 ②实木地板

主要材料：①水曲柳木地板 ②黑白根大理石

主要材料：①仿古砖 ②欧式墙纸

主要材料：①仿古砖 ②碎花墙纸

主要材料：①金刚板地板 ②白橡木饰面板

主要材料：①雅士白大理石 ②仿古砖

主要材料：①实木地板 ②墙纸

主要材料：①黑胡桃木饰面板 ②墙纸

主要材料：①密度板通花 ②马赛克

主要材料：①墙纸 ②玻化砖

主要材料：①木纹墙纸 ②红橡木饰面板

主要材料：①金刚板地板 ②墙布

主要材料：①欧式墙纸 ②白橡木饰面板

主要材料：①镜面玻璃马赛克 ②柚木饰面板

主要材料：①木纹石 ②车边银镜

主要材料：①中花白大理石 ②黑金花大理石

主要材料：①白色乳胶漆 ②橘黄色地砖

主要材料：①文化石 ②实木地板

主要材料：①有色乳胶漆 ②木纹砖

主要材料：①白色乳胶漆 ②玻化砖

主要材料：①木纤维墙纸 ②实木地板

主要材料：①黑白根大理石 ②玻化砖

主要材料：①木纹砖 ②墙纸

主要材料：①釉面砖 ②玻化砖

主要材料：①欧式墙纸 ②玻化砖

主要材料：①有色乳胶漆 ②木纹砖

主要材料：①水曲柳饰面板 ②玻化砖

主要材料：①墙纸 ②米黄洞石

主要材料：①水曲柳饰面板 ②绒布硬包

主要材料：①木质饰面板 ②印花银镜

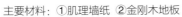

主要材料：①肌理墙纸 ②金刚木地板

主要材料：①花纹墙纸 ②玻化砖

主要材料：①磨砂银镜 ②马赛克

主要材料：①皮质硬包 ②玻化砖

主要材料：①云多拉灰大理石 ②密度板通花

主要材料：①灰镜　②仿古砖

主要材料：①爵士白大理石　②墙纸

主要材料：①有色乳胶漆　②木纹砖

主要材料：①欧式墙纸　②实木拼花地板

主要材料：①肌理墙纸　②金刚木地板

主要材料：①植绒墙纸 ②雕花磨砂玻璃

主要材料：①艺术瓷砖 ②玻化砖

主要材料：①皮质硬包 ②玻化砖

主要材料：①皮革硬包 ②实木地板

主要材料：①精工玉石 ②马赛克

主要材料：①墙纸 ②玻化砖　　　　　　　　　　　　　　　　　主要材料：①墙纸 ②马赛克

主要材料：①印花茶镜 ②玻化砖

主要材料：①金箔墙纸 ②镜面玻璃马赛克

主要材料：①欧式墙纸 ②玻化砖　　　　　　　　主要材料：①欧式墙纸 ②金箔墙纸

主要材料：①冰花玉石材 ②玻化砖

主要材料：①皮质硬包 ②玻化砖　　　　　　　　主要材料：①麻质硬包 ②玻化砖

主要材料：①花纹墙纸 ②爵士白大理石

主要材料：①木纹砖 ②墙纸

主要材料：①麻质墙纸 ②复合实木地板

主要材料：①皮质硬包 ②灰镜

主要材料：①马赛克 ②复合实木地板

主要材料：①文化石 ②仿大理石瓷砖

主要材料：①波纹板 ②仿大理石瓷砖

主要材料：①水曲柳饰面板 ②玻化砖拼花地板

主要材料：①皮质硬包 ②玻化砖

主要材料：①直纹柚木饰面板 ②木纹砖

主要材料：①墙布 ②仿古砖

主要材料：①墙纸 ②玻化砖

主要材料：①白橡木板 ②复合实木地板

主要材料：①木纹砖 ②玻化砖

主要材料：①花纹墙纸 ②木纹砖

主要材料：①皮质硬包 ②杉木饰面板

主要材料：①白色护墙板 ②灰色地毯

主要材料：①白色瓷砖 ②墙纸

主要材料：①木纹石 ②仿爵士白大理石

主要材料：①硅藻泥 ②有色乳胶漆

主要材料：①大花白大理石 ②浅啡网大理石波打线

主要材料：①水曲柳饰面板 ②木纹砖

主要材料：①仿古砖 ②木纹砖地板

主要材料：①爵士白大理石 ②斑马木饰面板

39

主要材料：①中花白大理石 ②皮雕软包

主要材料：①爵士白大理石 ②玻化砖

主要材料：①中花白大理石 ②有色乳胶漆

主要材料：①金刚板 ②仿大理石瓷砖

主要材料：①白色乳胶漆 ②实木地板

主要材料：①绒布硬包 ②密度板通花

主要材料：①有色乳胶漆 ②玻化砖

主要材料：①白色护墙板 ②玻化砖

主要材料：①艺术墙纸 ②玻化砖

主要材料：①白色乳胶漆 ②木纹砖

主要材料：①帕斯高灰大理石 ②肌理漆

主要材料：①波斯灰大理石 ②大理石拼花地板

主要材料：①白色乳胶漆 ②玻化砖

主要材料：①木纹墙纸 ②玻化砖

主要材料：①墙纸 ②玻化砖

主要材料：①玉石 ②波斯灰大理石

主要材料：①肌理漆 ②实木地板

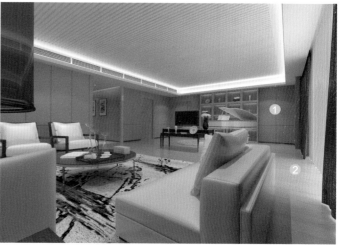

主要材料：①布艺硬包 ②实木地板

主要材料：①爵士白大理石 ②波斯灰大理石

主要材料：①白色乳胶漆 ②玻化砖

主要材料：①爵士白大理石 ②仿古砖

主要材料：①波斯灰大理石 ②实木地板

主要材料：①沙比利饰面板 ②藤编地毯

主要材料：①柚木饰面板 ②实木地板

主要材料：①木纹砖 ②实木地板

主要材料：①中花白大理石 ②灰木纹石

主要材料：①肌理墙纸 ②文化石

主要材料：①有色乳胶漆 ②枫木饰面板

主要材料：①水曲柳饰面板 ②玻化砖

主要材料：①条纹墙纸 ②实木地板

主要材料：①白木纹大理石 ②水曲柳饰面板

主要材料：①实木格栅 ②实木地板

主要材料：①白色乳胶漆 ②实木地板

主要材料：①浮雕墙纸 ②金刚板

主要材料：①白色乳胶漆 ②金刚板

主要材料：①硅藻泥 ②木纹石

主要材料：①玉石 ②爵士白大理石

主要材料：①山水纹大理石 ②玻化砖

主要材料：①毛石 ②爵士白大理石

主要材料：①爵士白大理石 ②有色乳胶漆

主要材料：①木质饰面板 ②复合实木地板

主要材料：①柚木饰面板 ②仿古砖

主要材料：①柚木饰面板 ②仿古砖

主要材料：①爵士白大理石 ②灰木纹石

主要材料：①仿大理石瓷砖 ②釉面砖

主要材料：①大花白大理石 ②玻化砖

主要材料：①肌理墙纸 ②玻化砖

主要材料：①柚木饰面板 ②仿古砖

主要材料：①波斯海浪灰大理石 ②大理石拼花地板

主要材料：①墙纸 ②木纹石

主要材料：①麻质墙纸 ②地毯

主要材料：①墙纸 ②玻化砖

主要材料：①米黄大理石 ②深咖网大理石波打线

主要材料：①杉木饰面板 ②白木纹石

主要材料：①墙纸　②玻化砖

主要材料：①柚木饰面板　②皮革硬包

主要材料：①有色乳胶漆　②仿大理石瓷砖

主要材料：①墙纸　②皮雕软包

主要材料：①浮雕墙纸　②白木纹石

主要材料：①植绒墙纸 ②地毯

主要材料：①文化石 ②肌理漆

主要材料：①白色乳胶漆 ②波斯灰大理石

主要材料：①墙纸 ②实木地板

主要材料：①中花白大理石 ②绒布硬包

主要材料：①中花白大理石 ②皮雕软包

主要材料：①肌理漆 ②实木地板

主要材料：①皮革硬包 ②实木地板

主要材料：①中花白大理石 ②白橡木饰面板

主要材料：①布艺硬包 ②仿古砖

主要材料：①硬包 ②木纹砖

主要材料：①木饰面板擦色 ②墙布

主要材料：①文化石 ②玻化砖

主要材料：①西班牙米黄大理石 ②浅啡网大理石

主要材料：①红橡木饰面板 ②仿波斯灰大理石

主要材料：①黑檀木饰面板 ②灰木纹石

主要材料：①木饰面板擦色 ②微晶石

主要材料：①大花白大理石 ②实木地板

主要材料：①墙纸 ②金刚板

主要材料：①木纹砖 ②白色护墙板

主要材料：①无纺布墙纸 ②仿大理石瓷砖

主要材料：①欧式墙纸 ②玻化砖

主要材料：①艺术墙纸 ②米黄洞石

主要材料：①白色乳胶漆 ②复合实木地板

主要材料：①文化石 ②实木地板

主要材料：①白色乳胶漆 ②复合实木地板

主要材料：①手绘墙画 ②仿古砖

主要材料：①灰木纹石 ②玻化砖

主要材料：①皮质硬包 ②玻化砖

主要材料：①白橡木板条 ②仿古砖

主要材料：①肌理漆 ②实木地板

主要材料：①有色乳胶漆 ②仿古砖

主要材料：①茶镜 ②仿古砖

主要材料：①白色乳胶漆 ②玻化砖

主要材料：①艺术墙纸 ②仿古砖

主要材料：①艺术墙纸 ②马赛克

主要材料：①浅灰网大理石 ②仿古砖

主要材料：①绒布硬包 ②沙比利饰面板

主要材料：①布艺硬包 ②大花白大理石

主要材料：①木质饰面板 ②墙纸

主要材料：①艺术墙纸 ②玻化砖

主要材料：①仿大理石瓷砖 ②实木格栅

主要材料：①木纹洞石 ②仿古砖

主要材料：①金刚板 ②玻化砖

主要材料：①绒布硬包 ②玻化砖

主要材料：①斑马木饰面板 ②玻化砖

主要材料：①金属板 ②仿古砖

主要材料：①水曲柳饰面板 ②玻化砖

主要材料：①木纹石 ②墙纸

主要材料：①墙纸 ②金刚板

主要材料：①山水纹大理石 ②玻化砖

主要材料：①枫木饰面板 ②玻化砖

主要材料：①皮革硬包 ②米黄洞石

主要材料：①木纹墙纸 ②地毯

主要材料：①米黄大理石 ②黑白根大理石

主要材料：①墙布 ②灰镜

主要材料：①墙纸 ②灰木纹洞石

主要材料：①肌理漆 ②玻化砖

主要材料：①墙纸 ②黑镜

主要材料：①木质饰面板 ②金刚板

主要材料：①柚木饰面板 ②黑色烤漆玻璃

主要材料：①木纤维墙纸 ②亮光墙纸

主要材料：①有色乳胶漆 ②马赛克

主要材料：①麻质墙纸 ②仿古砖

主要材料：①有色乳胶漆 ②仿古砖　　　　　　主要材料：①木纹砖 ②水曲柳饰面板

主要材料：①肌理墙纸 ②米黄洞石　　　　　　主要材料：①布艺硬包 ②金刚板

主要材料：①皮质硬包 ②无仿布墙纸

主要材料：①墙纸 ②米黄洞石

主要材料：①黑色烤漆玻璃 ②复合实木地板

主要材料：①无纺布墙纸 ②茶镜

主要材料：①仿古砖 ②玻化砖

主要材料：①灰镜 ②玻化砖

主要材料：①木纤维墙纸 ②玻化砖

主要材料：①墙纸 ②有色乳胶漆

主要材料：①艺术砖 ②墙布

主要材料：①马赛克 ②复合实木地板

主要材料：①有色乳胶漆 ②仿古砖

主要材料：①墙布 ②密度板通花

主要材料：①艺术墙纸 ②玻化砖

主要材料：①白橡木饰面板 ②玻化砖

主要材料：①黑镜 ②PVC墙纸

主要材料：①无纺布墙纸 ②镜面玻璃马赛克

主要材料：①硬包 ②玻化砖

主要材料：①艺术瓷砖 ②玻化砖

主要材料：①白橡木饰面板 ②米黄洞石

主要材料：①爵士白大理石 ②白橡木饰面板

主要材料：①无仿布墙纸 ②印花银镜

主要材料：①玻化砖 ②密度板树干造型

主要材料：①布艺硬包 ②金刚板

主要材料：①墙纸 ②木纹砖

主要材料：①木纤维墙纸 ②木质饰面板

主要材料：①皮质硬包 ②玻化砖

主要材料：①有色乳胶漆 ②麻质墙纸

主要材料：①帕斯高灰大理石 ②斑马木饰面板

主要材料：①有色乳胶漆 ②木纹砖

主要材料：①斑马木饰面板 ②有色乳胶漆

主要材料：①直纹白大理石 ②玻化砖

主要材料：①灰镜 ②做旧实木板

主要材料：①麻质硬包 ②木纹砖

主要材料：①麻质墙纸 ②玻化砖

主要材料：①富贵金花大理石 ②木纹砖

主要材料：①香槟红大理石 ②密度板通花

主要材料：①条纹墙纸 ②马赛克

主要材料：①条纹墙纸 ②木质饰面板

主要材料：①木纹砖 ②密度板通花

主要材料：①白色水曲柳饰面板 ②玻化砖

主要材料：①麻质墙纸 ②黑镜

主要材料：①皮质硬包 ②镜面玻璃马赛克

主要材料：①红橡木饰面板 ②木纹砖

主要材料：①镜面玻璃马赛克 ②木纹砖

主要材料：①条纹墙纸 ②玻化砖

主要材料：①木质饰面板 ②麻质墙纸

主要材料：①条纹墙纸 ②有色乳胶漆

主要材料：①白橡木饰面板 ②木纹砖

主要材料：①沙比利饰面板 ②仿古砖

主要材料：①皮革硬包 ②米黄洞石

主要材料：①皮革硬包 ②玻化砖

主要材料：①软包 ②金刚板

主要材料：①麻质墙布 ②做旧水曲柳地板

主要材料：①波斯灰大理石 ②麻质墙纸

主要材料：①墙纸 ②玻化砖

主要材料：①爵士白大理石 ②波斯海浪灰大理石

主要材料：①灰色烤漆玻璃 ②仿古砖　　　　　　　　主要材料：①爵士白大理石 ②古堡灰大理石

主要材料：①微晶石 ②做旧水曲柳地板　　　　　　　主要材料：①白色乳胶漆 ②木纹砖

主要材料：①深灰网纹大理石 ②木纹砖

主要材料：①雅士白大理石 ②玻化砖

主要材料：①波斯灰大理石 ②实木地板

主要材料：①金箔墙纸 ②镜面玻璃马赛克

主要材料：①爵士白大理石 ②麻质墙纸

主要材料：①木质饰面板 ②植绒墙纸

主要材料：①硬包 ②雅士白大理石

主要材料：①爵士白大理石 ②水曲柳饰面板

主要材料：①雪花白大理石 ②大理石拼花地板

主要材料：①硅藻泥 ②做旧实木地板

主要材料：①有色乳胶漆 ②实木地板

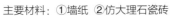

主要材料：①墙纸 ②仿大理石瓷砖

主要材料：①麻质墙纸 ②玻化砖

主要材料：①烤漆板 ②金刚板

主要材料：①木纤维墙纸 ②实木地板

主要材料：①木质饰面板 ②有色乳胶漆

主要材料：①白橡木饰面板 ②有色乳胶漆　　　　　　主要材料：①肌理墙纸 ②仿古砖

主要材料：①墙纸 ②仿古砖

主要材料：①麻质墙纸 ②通花板　　　　　　主要材料：①无纺布墙纸 ②密度板树干造型

主要材料：①无纺布墙纸　②玻化砖

主要材料：①黑镜　②金刚板

主要材料：①麻质墙纸　②玻化砖

主要材料：①仿大理石瓷砖　②有色乳胶漆

主要材料：①免漆板　②肌理墙纸

主要材料：①爵士白大理石　②灰木纹石

主要材料：①肌理墙纸　②玻化砖

主要材料：①爵士白大理石　②灰木纹石

主要材料：①墙纸　②镜面玻璃马赛克

主要材料：①白色乳胶漆　②玻化砖

主要材料：①墙纸 ②木纹洞石

主要材料：①木质饰面板 ②金刚板

主要材料：①木纹洞石 ②仿古砖

主要材料：①艺术玻璃 ②墙纸

主要材料：①皮革硬包 ②地毯

主要材料：①白色乳胶漆 ②玻化砖

主要材料：①文化石 ②实木地板

主要材料：①墙纸 ②玻化砖

主要材料：①冰裂纹玻璃 ②木质饰面板

主要材料：①墙纸 ②茶镜

主要材料：①米黄洞石 ②黑胡桃木饰面板

主要材料：①爵士白大理石 ②灰木纹石

主要材料：①有色乳胶漆 ②玻化砖

主要材料：①有色乳胶漆 ②玻化砖

主要材料：①爵士白大理石 ②中花白大理石

主要材料：①白色乳胶漆 ②地毯

主要材料：①釉面砖 ②肌理漆

图书在版编目（CIP）数据

2017客厅.简约风格/佐泽思维·佐泽设计编著.—福州：福建科学技术出版社，2017.2

ISBN 978-7-5335-5247-3

Ⅰ.①2… Ⅱ.①佐… Ⅲ.①客厅－室内装饰设计－图集 Ⅳ.①TU241-64

中国版本图书馆CIP数据核字（2017）第024190号

书　　名	2017客厅　简约风格	
编　　著	佐泽思维·佐泽设计	
出版发行	海峡出版发行集团	
	福建科学技术出版社	
社　　址	福州市东水路76号（邮编350001）	
网　　址	www.fjstp.com	
经　　销	福建新华发行（集团）有限责任公司	
印　　刷	福建彩色印刷有限公司	
开　　本	889毫米×1194毫米　1/16	
印　　张	5.5	
图　　文	88码	
版　　次	2017年2月第1版	
印　　次	2017年2月第1次印刷	
书　　号	ISBN 978-7-5335-5247-3	
定　　价	35.00元	

书中如有印装质量问题，可直接向本社调换